Renate Eppler

Porzellanmalerei für Einsteiger

Renate Eppler

Porzellanmalerei für Einsteiger

mit Porzellan- und Dekorfarbe

■ Grundlagen ■ Techniken ■ Vorlagen

Augustus Verlag

Inhalt

Vorwort

Stellen Sie sich vor, Sie stehen auf und trinken beim Frühstück aus einer selbst bemalten Tasse; vielleicht steht ein origineller Spruch darauf, der Sie so richtig positiv in den Tag hineinschubst und Sie unvermittelt schmunzeln läßt. Die Kinder freuen sich über ihre Lieblingsmotive auf dem Geschirr; Tassen, Teller, Schalen und Schüsseln erhalten einzigartige, von Ihnen geschaffene Dekore, zur Freude Ihrer Familie, Ihrer Gäste und ganz im Sinne Ihres Lebensgefühls.

Mit diesem Buch möchte ich Ihnen dazu verhelfen, daß Sie all dies erreichen können, mit leicht nachvollziehbaren Anleitungen und vielen Anregungen und Tips.

Meine Arbeitsweise und Erfahrungen beruhen darauf, die Porzellanmalerei in Handhabung und Technik zu vereinfachen und die Dekore nach unseren heutigen Vorstellungen auszurichten.

In vielen Kursen mit Erwachsenen und Kindern habe ich festgestellt, daß diese Art der Porzellanmalerei den Beteiligten viel Spaß gemacht hat, daß neue, kreative Ideen entstanden sind, und bei allen auch eine große Leidenschaft für ein neues Hobby entfacht wurde.

Das Buch ist einerseits als Einstieg in die faszinierende Welt der Porzellanmalerei gedacht, zum anderen bietet es aber auch dem eingeschworenen Porzellanmaler weitere kreative Möglichkeiten und Tips.

Wenn auch Sie jetzt Lust auf dieses Hobby bekommen haben, dann, garantiere ich Ihnen, ist bald kein weißes Porzellan mehr sicher.

Renate Eppler

Material und Grundausstattung

Porzellan / Weißware

Grundmaterial für Ihre Malerei ist weißes Porzellan, die sogenannte Weißware. Die Bezeichnung ist manchmal irreführend, da nicht alles angebotene Porzellan reinweiß ist. Manche sind eher gelblich oder leicht grünlich, was man meist nur im Vergleich feststellen kann. Gemeint ist damit aber weißes Gebrauchsgeschirr, das bei 1450°C gebrannt wurde und mit einer Glasurschicht versehen ist. Wenn Sie sich, besonders am Anfang, nicht ganz sicher sind, ob es sich bei der »Weißen Ware« um Porzellan handelt, fragen Sie nach.

Aus Erfahrung kann ich Ihnen sagen, daß immer wieder eine weiße Glasgeschirr-Serie, die porzellanartig aussieht, für Porzellan gehalten wird. Leider hat dieses Glas (z. B. »Arcopal«) einen relativ niedrigen Schmelzpunkt und eine Beschichtung, so daß es sich weder zum Bemalen mit den traditionellen Porzellanfarben noch mit dem Pébéo-Porcelaine 150-Dekorfarben verwenden läßt. Dasselbe gilt für weiße Blumenübertöpfe und Vasen aus Gartenbau-Fachmärkten. Bei den verlockend günstig angebotenen Töpfen handelt es sich meist um weiß lackierte Töpferware, also nicht um Porzellan. Auch hier lohnt sich gegebenenfalls das Nachfragen beim Fachpersonal.

Tips zum Kauf von Porzellangeschirr

In der Zeit zwischen Silvester und Fastnacht ist das Angebot an Weißporzellan am größten; oftmals finden Sie ein ganzes Schaufenster eines gutsortierten Fachgeschäfts mit den unterschiedlichsten Geschirrteilen renommierter Porzellanmanufakturen dekoriert.

Da es sich dabei auch um Geschirr zweiter Wahl handelt, lohnt sich ein prüfender Blick. Meist sind die Fehler gering und kaum sichtbar: ein paar dunkle Aschepünktchen, die übermalt werden können, oder eine kleine Glasurunebenheit.

Die Preise sind jedenfalls so attraktiv, daß sich ein größerer Einkauf bezahlt macht; denken Sie dabei auch an die vielen Geschenke, die alljährlich anstehen und nun von Ihnen selbst gestaltet werden können.

Gehen Sie bei der Geschirrauswahl stets von Ihren persönlichen Ansprüchen und Wünschen aus; denn das Geschirr soll in erster Linie auch gebraucht werden und dadurch seinen Zweck erfüllen.

Und denken Sie beim Kauf von Einzelteilen auch immer daran, daß sich diese gut miteinander kombinieren lassen.

Auch im Hinblick auf das Bemalen gilt es, einiges zu bedenken.

Teller und Platten
sind ideal, wenn Sie eine breite und flache »Fahne« haben.

Der Tellerrand wird als »Fahne«, das Innere des Tellers als »Spiegel« bezeichnet.

Tassen und Becher
lassen sich besonders gut bemalen, wenn sie zylindrisch oder nur leicht gewölbt sind.

Schüsseln
für den täglichen Gebrauch werden überwiegend am Rand oder an der Außenseite bemalt.

Kannen und Krüge
Zwischenzeitlich wird bei einem Kaffee-Service, besonders in den unteren Preisklassen, immer seltener die passende Kaffeekanne zum Kaufen angeboten. Es bietet sich also häufig an, ein passendes Einzelstück selbst zu gestalten. Leichter zu bemalen sind auch hier zylindrische oder nur leicht gewölbte Formen.

Porzellanlöffel
sind relativ empfindliche Gebrauchsgegenstände und im Verhältnis zum Porzellangeschirr sehr teuer. Hier sollten Sie die Augen nach günstigen Angeboten offen halten. Bemalt wird vorwiegend der Stiel.

Arbeitsplatz

Raum

Der Raum, in dem Sie malen, sollte weitgehend staubfrei und gut belüftbar sein. Wichtig ist ein in der Nähe befindliches Waschbecken, damit Sie bequem Ihre Malutensilien auswaschen können.

Da die Bemalung mit geruchsfreien, wasserlöslichen Materialien erfolgt, entsteht keine Geruchsbelästigung wie bei der Verwendung von diversen Ölen.

Arbeitstisch

Als Arbeitsplatz genügt ein ausreichend großer Tisch, der nahe, aber nicht unmittelbar an einem Fenster steht.

Die Arbeitsfläche wird zum Schutz mit einem hellen Wachstuch abgedeckt. Das helle Tuch reflektiert das Licht und schont gleichzeitig die Augen.

Mit einer Klemmleuchte, die sich stufenlos verstellen läßt, sollten Sie für optimale Ausleuchtung sorgen. Sie wird (für Rechtshänder) an der linken Seite angebracht.

Außerdem ist ein Papierkorb für verbrauchte Wattestäbchen, Zahnstocher und Küchenkrepp wichtig. Er sollte stets in Reichweite stehen.

Sitzen Sie aufrecht in entspannter Haltung auf einem bequemen Stuhl, ein Keilkissen kann Sie dabei in idealer Weise unterstützen.

Denn eines ist klar: Wenn Sie einmal mit dem Malen begonnen haben, vergessen Sie alles um sich herum. Damit Ihr Rücken entlastet wird und Sie auch so lange aushalten, bis Ihre Arbeit nach Ihren Vorstellungen vollendet ist, müssen Sie deshalb rechtzeitig für eine richtige Sitzposition sorgen.

Arbeitskleidung

Damit die angespachtelten Farben länger malfähig und rein bleiben, sollten Sie beim Malen fusselfreie Kleidung tragen, beispielsweise ein altes Baumwoll-T-Shirt und Jeans.

Zubehör

Grundsätzliche Hilfsmittel bei der Arbeit sind:

- *eine Glaspipette*
- *Zahnstocher*
- *Wattestäbchen*
- *Küchenkrepp*
- *Malhilfe*

Zur Entlastung des Arms beim Malen sind zwei glatte Vierkanthölzer mit einer Kantenlänge von etwa 5,5 cm und der Gesamtlänge von etwa 25 cm äußerst hilfreich. Die Hölzer können bei Bedarf aufeinandergelegt werden, was besonders für höhere Gegenstände sehr nützlich ist.

Porzellanfarben

Die zum Malen auf Porzellan verwendeten klassischen Porzellanfarben bestehen überwiegend aus Metalloxiden in Pulverform. Da es verschiedene Farbenhersteller gibt, deren Produkte keine Schadstoffe enthalten, im ungünstigen Fall aber schadstoffhaltig sind, sollten Sie sich vor dem Kauf bei Ihrem Händler informieren.

Für Ihre Arbeit benötigen Sie zunächst einmal die Farben (jeweils 2 bis 5 g):
Blau, Rot, Gelb (Grundfarben)
Schwarz und Weiß
Orange und Grün

Dazu kaufen Sie eine kleine Menge Flux, um bei Bedarf den Glanz der Farben zu steigern.

Meist werden die Farben in kleinen Glasröhrchen (z. B. Fa. Stewa, Wanke) abgegeben. Es gibt aber auch Hersteller, die ihre Farben (Pigmente) in kleinen Papier- oder Plastiktütchen ab 10 g verkaufen (z. B. Grießhammer, Pfannschmidt); hier empfiehlt es sich aus preislichen Gründen, die Farben in Filmdöschen umzufüllen und mit Farbnummer, Hersteller und der angegebenen Brenntemperatur zu beschriften.

Da die Farben durch den Brennvorgang bei etwa 800 bis 830 °C ausschmelzen, können sie sich im Farbton etwas verändern. Daher ist es ratsam, vorher eine Brennprobe durchzuführen.

Malmaterialien

Pinsel

Zum Malen benütze ich Rotmarderhaarpinsel. Da es eine große Auswahl an Pinseln unterschiedlicher Qualität und Preislagen gibt, lassen Sie sich von Ihrem Fachhändler beraten.

Besonders gut eignen sich auch die zum Bemalen von Porzellanpuppen angebotenen Pinsel: Langhaar-, Kurzhaar- und Katzenzungen-Pinsel.

Mit einem Langhaar-, einem Kurzhaar-, einem normalen und einem etwas breiteren Katzenzungen-Pinsel für größere Flächen wären Sie fürs erste bereits komplett ausgestattet.

Nach dem Malen die Pinsel immer gründlich auswaschen und zum Aufbewahren mit der empfindlichen Spitze nach oben in Becher oder höhere Gefäße stellen. Von Zeit zu Zeit werden Sie mit der Spitze kurz in heißes Wasser getaucht, dem ein Schuß Essig zugefügt wurde. So bleiben sie lange gepflegt, gebrauchsfähig und optimal in Form.

Zeichenfeder

Für graphische Gestaltungen, Signaturen usw. benötigen Sie eine Zeichenfeder. Vielleicht hat sich aus Ihrer Schulzeit in einer Schublade noch ein geeignetes Exemplar erhalten. Ansonsten finden Sie in Schreibwarengeschäften eine große Auswahl an verschiedenen Federn. Achten Sie darauf, daß die Feder an der Spitze weder gespalten noch verbogen ist. Alte Tuscheverkrustungen entfernen Sie schonend mit feinem Schleifpapier.
Die Metallhülse, die die Feder aufnimmt, steckt in einem relativ empfindlichen Halter aus lackiertem Holz. Nach häufigem Auswaschen der Feder mit Wasser quillt dieser leider auf und wird dadurch für weitere Verwendungen unbrauchbar.

Umwickeln Sie den Federhalter daher zum Schutz zwei- oder dreifach mit Kreppband, das nach Bedarf wieder erneuert werden kann.

Spezielles Zubehör

Daneben benötigen Sie für Ihre Arbeit mit Porzellanfarben:

- *weiße, glatte Fliesen zum Mischen und Anspachteln der Farben*
- *Palettemesser oder Spachtel*
- *eine kleine Menge Flux (Flußmittel)*
- *wasserlösliches Medium, z. B. Universalmedium (Stewa)*
- *eine Blechdose*

Bewahren Sie Ihre angespachtelten Farben in einer eckigen Dose, z. B. einer Blechdose, auf.

Sie können auch mehrere Kacheln übereinanderstapeln, wenn Sie jeweils einen Korken mit dem Messer in vier Scheiben schneiden und diese Teile in den Ecken der Kacheln als Abstandhalter auflegen. In der Dose bleiben die Farben länger malfähig und staubfrei.

Vor dem erneuten Gebrauch die Farbe wieder gut durchspachteln und bei Bedarf mit etwas Medium verdünnen.

- *ein Arbeitstablett*

Mit einem Tablett, in dem beispielsweise vier oder mehr weiße Fliesen mit einer Kantenlänge von 15 cm Platz finden, können Sie die angespachtelten Farben griffbereit unterbringen und bei Bedarf auch bequem zur Seite rücken.

Außerdem lassen sich diese Tabletts aufeinanderstapeln, was enorm platzsparend ist.

Mischen der Porzellanfarben

Anmischen

Geben Sie mit der Pipette ein paar Tropfen Medium auf Ihre Kachel und fügen Sie eine Messerspitze Farbpulver hinzu.

Nun wird alles gut durchgespachtelt, indem Sie die winzigen Farbkörnchen immer wieder zerdrücken und mit dem Medium vermischen.

Nach kurzer Zeit entsteht eine etwas zähe Masse, die Sie wieder mit wenigen Tropfen Medium anreichern und gut durchspachteln.

Mischen größerer Farbmengen

Werden größere Farbmengen benötigt, mischen Sie lieber mehrmals eine kleine Menge an und schieben diese auf der Kachel zur Seite. Den Vorgang solange wiederholen, bis die erforderliche Menge erreicht ist.

Tip

Am besten verwenden Sie eine gesonderte Kachel, um die Farbe anzuspachteln. Geben Sie diese dann auf eine andere Kachel, auf der bis zu vier Farben Platz finden können.

Da Sie die Farbe immer wieder aufspachteln müssen, säubern Sie die Spachtel jeweils sorgfältig mit Küchenkrepp, bevor Sie die nächste Farbe aufspachteln. So vermeiden Sie, daß versehentlich Farbreste beigemischt werden.

Farbtöne mischen

Blau und Gelb können Sie unbedenklich zu Grüntönen mischen; mit Weiß hellen Sie die Farben auf. Grautöne entstehen durch Mischen von Schwarz und Weiß; wenn Sie außerdem etwas Blau oder Grün hinzufügen, können Sie Ihre Grauton-Skala noch erweitern.

Einen helleren Farbton erzielen Sie auch, wenn Sie ganz wenig Farbe mit einem breiteren »Katzenzungen«-Pinsel auf der Malfläche auf- bzw. ausstreichen.

Wichtig:

Die meisten Rottöne können nicht mit anderen Farben gemischt werden!

Gute Ergebnisse erzielen Sie mit:

- *Orangerot (gelbliches Rot)*
- *Eisenrot (gelbliches Rot)*
- *Blutrot (bläuliches Rot)*

Benötigen Sie größere Farbmengen eines bestimmten Farbtons, empfehle ich Ihnen, die reinen, unvermischten Farben der Hersteller zu verwenden, da es schwierig ist, immer wieder genau dieselbe Farbmischung zu erzielen.

Für eine »bunte« Wirkung setzen Sie Komplementärfarbenpaare – Blau-Orange, Gelb-Violett oder Rot-Grün – nebeneinander. So steigern Sie wirkungsvoll die Leuchtkraft der Farben.

Harmonische Wirkungen erzielen Sie durch sogenannte Farbfamilien, die sich durch Kombination benachbarter Farbtöne ergeben.

Zum Beispiel beinhaltet die »**Farbfamilie**« Blau alle Farbtöne von Blaugrün bis Blauviolett, also Beimischungen von Gelb und Rot, wobei Sie mit Rot nicht mischen können; hier müssen Sie fertige Mischungen verwenden.

Brennen im Brennofen

Vorbereitung

Lassen Sie die Farben auf dem Geschirr antrocknen, damit dieses für den Farbbrand transportfähig ist. Zum Transportieren von flachen Tellern eignen sich besonders offene, flache Plastikkörbe, die stapelbar sind und kostenlos, z. B. in Großmärkten, abgeholt werden können. Auch Pizzakartons haben sich bewährt.

Stellen Sie die Porzellanteile so, daß sie sich nicht berühren. Keinesfalls dick in Zeitungspapier einpacken; dadurch würde der Farbauftrag beschädigt werden.

Der Brennofen

Um die Bemalung mit Porzellanfarben haltbar zu machen, müssen diese gebrannt werden. Die Brenntemperatur liegt bei 800 bis 830 °C, weshalb mit Porzellanfarben bemaltes Geschirr nur in einem speziellen Brennofen gebrannt werden kann. Die angenehmste Lösung besteht natürlich darin, sich selbst einen derartigen Ofen anzuschaffen und einzurichten. Vielleicht haben Sie aber auch Freunde und Bekannte oder einen Betrieb, eine Werkstatt bzw. ein Spezialgeschäft vor Ort, die den Farbbrand für Sie durchführen können.

Einen Brennservice bieten auch Geschäfte mit Kursangeboten zur Herstellung von Porzellanpuppen. Da hierbei dieselben Farben, Medien und Brenntemperaturen wie bei der Porzellanmalerei angewandt werden, ist man dort sicher gerne bereit, Ihre Porzellanteile mitzubrennen.

Bei den Brennöfen gibt es zwei unterschiedliche Typen, den Frontlader, mit einer Tür, die nach vorn zu öffnen ist, und den Toplader in meist annähernd runder oder sechseckiger Form. Dieser wird von oben mit der Ware beschickt.

Beide Modelle sind gleichermaßen geeignet. Der Vorteil der Toplader besteht allerdings darin, daß sie ein weitaus geringeres Eigengewicht haben, meist mit fahrbaren Rollen ausgestattet sind und somit kein spezieller Stellplatz eingerichtet werden muß.

Die neuen Geräte sind überwiegend mit einer elektronischen Regelanlage ausgestattet, was eine optimale Voraussetzung für viele Farbbrände darstellt.

Ein 40-Liter-Ofen kommt mit einer Netzspannung von 220 Volt aus und läßt sich so an jeder Steckdose anschließen.

Die Ausstattung sollte aus etwa 24 Einbaustützen, 4 Schamotteplatten und etwa 30 keramischen Dreifüßen (etwa 4 bis 5 cm breit) bestehen.

Fragen Sie Ihren Händler auch nach den Sparstäben und gelochten Einbaustützen für Teller. Diese ermöglichen eine optimale Ausnutzung des Ofens.

Beschicken des Brennofens

Saugen Sie mit der Staubsaugerdüse den Ofen gründlich aus. Damit die Luft im Brennofen gut zirkulieren kann, stellen Sie die unterste Schamotteplatte auf vier Einbaustützen. Der Boden des Ofens bleibt frei, damit eine gute Durchlüftung gewährleistet ist.

Für Tassen beispielsweise wäre nun die unterste Etage geeignet; die bemalten Teile dürfen sich dabei aber nicht berühren, da sie sonst »zuammenbacken« würden.

Legen Sie auf vier Einbausäulen eine weitere Schamotteplatte. Jetzt können Sie Teller einschichten, die größeren und schwereren unten, die leichteren und kleineren darüber. Als Abstandshalter verwenden Sie keramische Dreifüße, die ein Zusammenbacken der Teile verhindern.

Bei manchen Porzellanglasuren entstehen durch die Dreifüße und das Gewicht der gestapelten Teile nadelstichartige Vertiefungen, was man mit kleineren Stapeln und Zwischenlagen von Schamotte-Platten vermeiden kann.

Gelochte Einbaustützen und Sparstäbe ermöglichen eine noch optimalere Ausnutzung des Brennraums, denn damit erhält jeder Teller seine eigene Etage.

Zwischen den einzelnen Etagen sollte aber ein minimaler Abstand zum jeweiligen Teller oder Porzellanteil eingehalten werden, denn die Stäbe dürfen nicht auf den Tellern aufliegen, um Glasurschäden zu vermeiden.

Höhere Gefäße oder ein weiterer »Stapel« mit Tassen oder Untertassen können daneben noch Platz finden.

Einstellen des Brennofens

Achten Sie beim Kauf der Farben auf die empfohlene Brenntemperatur und richten Sie sich beim Brennen nach diesen Angaben.

1. Zunächst stellen Sie den Ofen auf etwa 180 °C ein und steigern dann die Heizleistung pro Stunde jeweils weiter um etwa 100°C bis 400°C erreicht sind.

2. Dann weiter aufheizen, bis 830°C, d. h. die volle Heizleistung erreicht sind.

3. Haltezeit bei dieser Temperatur etwa 15 Minuten.

4. Abkühlen bei geschlossener Tür, mindestens 4 Stunden.

5. Jetzt die Tür einen Spalt öffnen und weiter abkühlen lassen.

Nach dem Brennen glänzen die vormals matten Farben: Sie sind jetzt mit der Glasur fest verschmolzen.

Sollte eine Farbe nach dem Brand trotzdem matt erscheinen, mischen Sie künftig eine Prise Flux (Flußmittel) hinzu, damit sie besser ausfließen kann.

Sie können Ihr Porzellan mehrmals brennen, z. B. nach jedem Arbeitsschritt, oder wie es für Sie am geschicktesten ist.

Die meisten Rottöne werden durch das Brennen bei relativ hohen Temperaturen von 800 bis 830°C blaß und hell. Achten Sie daher beim Kauf ganz besonders auf die empfohlene Brenntemperatur. Sollte diese bei weniger als 830°C liegen, legen Sie zunächst alle andersfarbigen Flächen an, brennen diese ein und malen dann die roten Partien. Nun wird erneut mit einer niedrigeren Temperatur (etwa 750°C) gebrannt; die anderen Farben sind jetzt bereits gut ausgeschmolzen, und das Rot behält seine Leuchtkraft.

Dekorfarben: Pébéo-Porcelaine 150

Wenn Sie mit kräftigen Farben und einer reichhaltigen Farbskala mit vielen Zwischentönen arbeiten wollen, kommen Sie bei diesen neu entwickelten Dekorfarben voll auf Ihre Kosten. Die Farben werden im Backofen gebrannt, weshalb auch schöne Rottöne zur Palette gehören. Alle Farben können beliebig zu neuen Farbtönen gemischt werden. Die Pébéo-Porcelaine-Farben sind in malfertiger Konsistenz in Gläsern oder als Konturenpaste in etwas festerer Form in Tuben erhältlich. Sie lassen sich mit destilliertem Wasser ähnlich wie Aquarellfarben verdünnen; die Pinsel werden nur mit Wasser gereinigt.

Malmaterialien

Das zum Malen mit den Dekorfarben erforderliche Material und Zubehör entspricht der Grundausstattung (siehe Seite 9). Zusätzlich benötigt werden:

- Borstenpinsel in verschiedenen Breiten
- Wassergefäß
- destilliertes Wasser zum Verdünnen der Farben (Aquarelleffekt)
- Glasschälchen o. ä. zum Mischen der Farben

Malen mit dem Pinsel

Für das Malen und Gestalten mit Dekorfarben sind keine Besonderheiten zu beachten. Sie können Ihre Porzellanteile wie mit anderen Farben auch bemalen. Auf den Seiten 16 bis 19 werden einige Beispiele gezeigt, die mit Pébéo-Porcelaine-150-Farben hergestellt wurden. Ansonsten sind alle im Buch beschriebenen Techniken und Beispiele genauso mit Dekorfarben zu realisieren.

Verwenden Sie vorzugsweise Borstenpinsel in verschiedenen Stärken. Hervorragend eigenen sich auch spezielle Pinsel für die Ölmalerei, da deren Borsten etwas kürzer sind und, ähnlich wie bei den »Katzenzungen«, abgerundete Kanten haben.

Die Farbe wird mit dem Pinsel direkt aus dem Glas entnommen. Überschüssige, abtropfende Farbe am inneren Rand des Glases abstreifen. Wenn Sie Farben miteinander mischen möchten, tropfen Sie mit einer Glaspipette die gewünschte Farbmenge in ein kleines Glasschälchen und mischen mit einem Zahnstocher alles gut durch.

Beim Malen den Pinsel nicht zu steil halten, sondern leicht in die Richtung der Malspur neigen; d. h., wenn Sie von links nach rechts malen, neigen Sie den Pinsel etwas nach rechts, um die Farbe aufstreichen zu können.

Nach dem Antrocknen bleibt der Farbauftrag erhaben auf dem Porzellan stehen.

Wollen Sie einen gleichmäßigen Farbauftrag erreichen, sollten Sie die Farbe eher stupfend und in kurzen Pinselzügen auftragen. Mit langen Pinselstrichen erzielen Sie einen eher strukturierten Farbauftrag, der ebenso interessante wie auch abwechslungsreiche Gestaltungsmöglichkeiten bietet.

Sollte die Farbe während des Malens durch Verdunsten zähflüssig werden, verdünnen Sie mit etwas destilliertem Wasser, bis sie wieder ihre malfähige Konsistenz erreicht hat. Diesen Vorgang können Sie bei Bedarf mehrfach wiederholen.

Schreiben mit der Feder

Wenn Sie mit der Feder schreiben und zeichnen wollen, sollten Sie die Farben vorher in einem Gläschen (evtl. mit Schraubverschluß) mit etwas destilliertem Wasser verdünnen und während der Arbeit immer wieder gut durchrühren, damit die Farben eine gleichbleibende Konsistenz bewahren.

Korrekturen einzelner Linien können Sie im noch feuchten Zustand mit dem Wattestäbchen vornehmen.

Ist die Farbe bereits angetrocknet, korrigieren Sie mit dem Skalpell, indem Sie sehr exakt die Farbflächen abschaben, ohne das Porzellan zu zerkratzen. Halten Sie zu diesem Zweck das Skalpell flach zum Teller und entfernen Sie die Farbreste sanft mit einem Wattestäbchen.

Brennen im Backofen

Lassen Sie die mit Dekorfarben bemalten Porzellanteile mindestens 24 Stunden trocknen.

Dann werden sie im Backofen, bei einer Temperatur von etwa 150°C, 35 Minuten lang gebrannt. Dadurch ist die Farbe soweit ausgehärtet, daß sie mit dem Fingernagel nicht mehr beschädigt werden kann. Die Oberfläche ist jetzt fest mit dem Untergrund verbunden und kann ohne Probleme im Spülwasser von Hand gereinigt werden.

Bei meinen Versuchen, die eingebrannte Porcelaine-Farbe auch in der Spülmaschine den entsprechend hohen Temperaturen und scharfen Spülmitteln auszusetzen, zeigte sich eine hohe Verträglichkeit: Erst nach etwa 60 Durchgängen lösten sich einzelne Partikel der Farbe ab, bis sie in weiteren Spülvorgängen sich gänzlich ablösten. Danach ließen die Teile sich wieder problemlos bemalen.

Beschicken des Backofens

Damit Sie den zur Verfügung stehenden Raum im Backofen gut ausnützen können, nehmen Sie alle Backbleche und den Rost heraus.

Wollen Sie mehrere Teller brennen, die nur am Rand bemalt wurden, stapeln Sie diese übereinander und verwenden als Stütze bzw. Zwischenlage Untertassen (mit der Unterseite nach oben). So können sich die zu brennenden Teile im Ofen nicht berühren und Sie haben die Möglichkeit, relativ viele Teile gleichzeitig zu brennen.

Tassen stellen Sie am besten auf ein Gitterrost über den Tellerstapel.

Ich bin mir ganz sicher, daß Sie noch weitere Tricks ausfindig machen, damit Ihr Backofen optimal ausgenützt werden kann.

Übrigens:
Das Aushärten der Farben kann nicht in der Mikrowelle vorgenommen werden.

Arbeitsbeispiel: Impressionen in Blau

Für dieses Geschirr stand die Malerei des Impressionismus Pate; der pünktchenartige Farbauftrag und die optische Farbmischung der neben- und übereinandergesetzten Farben verleiht dem Dekor den besonderen Reiz. Für diese Gestaltung eignen sich die Dekorfarben besonders gut, da diese erhaben auf der Oberfläche stehenbleiben.

SIE BENÖTIGEN

- *Teller mit breiter Fahne*
- **Porcelaine 150-Farben:** *Gelb-, Grün- und Blautöne Nr. 02, 15, 16, 18, 19, 21*
- *Borstenpinsel Nr. 14*
- *Wasser zum Auswaschen des Pinsels*
- *Küchenkrepp*
- *Wattestäbchen*

SO WIRD'S GEMACHT

Stellen sie die Farben von links nach rechts in folgender Reihenfolge auf: Nr. 02, 19, 21, 18, 16, 15.

Dann beginnen Sie mit der Gelb Nr. 02, indem Sie die Farbe mit dem Pinsel großzügig stupfend auf den Rand des Tellers verteilen.

Setzen Sie auf diese Weise über den Rand verteilt die anderen Farben nacheinander daneben, so daß ein Farbverlauf von Gelb über Grün nach Blau erzeugt wird. Vergessen Sie dabei nicht den tupfenden Farbauftrag, mit dem Sie die Farbe nicht nur auftragen, sondern auch auf dem Teller mischen.

Am Schluß nochmals auf die gelb begonnene Fläche etwas Gelb auftragen, da durch die nachfolgenden Farben das Gelb meist überlagert wird.

Gestalten sie auf diese Art mehrere Teller nacheinander und variieren Sie die jeweiligen Farbmengen. So erhalten Sie ein abwechslungsreiches Geschirr, das in der Gesamtschau wiederum einheitlich wirkt.

WICHTIG:
Unbedingt vor dem Farbenwechsel den Pinsel im Wasserbecher kurz auswaschen und mit Küchenkrepp trocknen, damit die Farben rein bleiben.

VARIATION

Mit angefeuchteten Wattestäbchen können ornamentale Linien in die noch feuchte Farbe gezogen werden; dabei immer wieder frische Wattestäbchen verwenden.

In Kombination mit anderen Techniken ergeben sich zahlreiche Gestaltungsmöglichkeiten.

Grundtechniken

Kopieren von Zeichnungen und Entwürfen auf Porzellan

Zum Übertragen von Flächen bzw. Umrissen einer Form auf Porzellan arbeiten Sie mit Schablonen. Deren Umrißlinien werden mit einem All-Stabilo-Bleistift abgenommen, der besonders gut auf glatten Materialien haftet und daher als einziger zum direkten Vorzeichnen geeignet ist. Die Linien verschwinden beim Brennen.

Komplette Vorzeichnungen, die Sie selbst anfertigen oder aus dem Buch abpausen, werden stets mit Kohlepapier, am besten dem Motiv entsprechend groß zugeschnitten, und einem Kugelschreiber auf das Porzellan durchgepaust.

Verwenden Sie für die Zeichnung nur normales Schreibmaschinen- oder Druckerpapier, da mit stärkerem Papier das Durchpausen erschwert wird.

Da sich das Papier der Zeichnung relativ schnell abnützt und reißt, ist es außerdem sinnvoll, vorher mehrere Kopien der Zeichnung anzufertigen.

Sie benötigen

- *Kohlepapier*
- *Kugelschreiber*
- *gezeichnete Vorlage auf Schreibmaschinen- oder Druckerpapier*

So wird's gemacht

Befestigen Sie einen Bogen oder ein der Zeichnung entsprechendes Stück Kohlepapier mit etwas Klebeband auf dem Teller.

Darauf wird wiederum mit Klebeband die Vorlage befestigt. Dann zeichnen Sie diese mit einem Kugelschreiber nach.

Wird die Vorlage mehrmals oder in anderen Größen gebraucht, ist es das einfachste, entsprechende Fotokopien davon anzufertigen.

Entfernen Sie Zeichenvorlage und Kohlepapier. Die durchgepausten Linien können jetzt mit Porzellanfarben nachgemalt bzw. -gezeichnet werden.

Fast alle Kohlepapier-Linien brennen rückstandsfrei weg, manche erscheinen nach dem Brennen rötlich-braun, lassen sich aber problemlos feucht abwischen und damit gut entfernen.

Konturenmalen mit dem Pinsel

Sie benötigen

- *einen Langhaarpinsel*
- *wasserlösliches Medium*
- *schwarze Porzellanfarbe*

So wird's gemacht

Zum Aufnehmen der Farbe legen Sie den dünnen Pinsel flach in die angespachtelte Masse. Vermeiden Sie, ihn unnötig abzuknicken oder zu stauchen; so bleibt er länger gebrauchsfähig.

Nun streifen sie den Pinsel einmal flach auf der Fliese ab und drehen ihn dann auf die andere Seite um.

Mit dem so flach geformten Pinsel legen sie dann die ersten Linien an.

Halten Sie den Pinsel senkrecht und ziehen Sie ihn langsam von sich weg. Dabei berühren Sie den Teller nur mit der Spitze des Pinsels.

Auf diese Weise gestalten Sie die Tellerfahne ganz frei mit geschwungenen Linien, Zick-Zack-Linien oder kreisförmigen Liniengebilden. Verwenden Sie beim Malen das Vierkantholz als Stütze und schaffen Sie immer wieder geschlossene Flächen zum späteren Ausmalen.

Sie können auch meine Vorlage (Seite 61) für Ihre ersten Übungen benutzen.

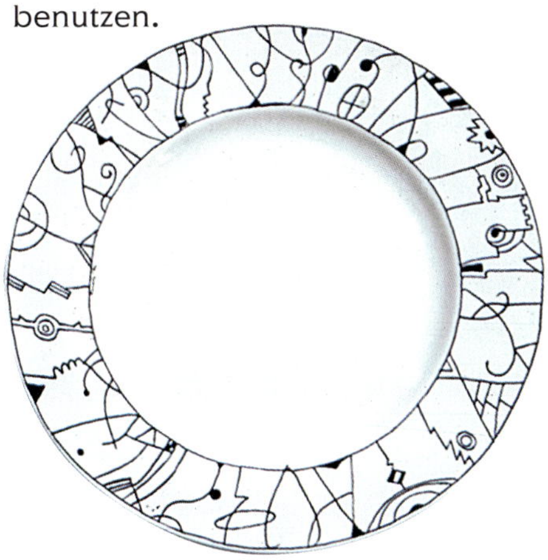

Wenn Sie mit Ihrem ersten Teller zufrieden sind, lassen Sie jetzt die Farbe antrocknen. Gebrannt wird wie auf Seite 13 beschrieben.

Korrekturmöglichkeiten

Die Farbe ist zäher als Wasserfarbe und läßt sich auch nicht so schnell auftragen. Üben Sie, bis schwarze und feine Linien gleichmäßig auf Ihrem Teller entstehen.

Sollte dies nicht sofort gelingen, kann es daran liegen, daß die Farbe etwas zu zäh ist. In diesem Fall fügen Sie noch wenige Tropfen des Mediums hinzu und spachteln das Ganze noch einmal durch.

Fällt das Ergebnis eher hellgrau aus und fließt auf der Fläche fransig aus, fügen Sie noch etwas Farbpulver hinzu, bis eine sattere Farbigkeit erreicht ist; in diesem Fall war die Farbe zu stark mit Medium verdünnt.

Linien, die Ihnen nicht gefallen, wischen Sie ganz einfach mit einem kurz angefeuchteten Wattestäbchen weg; größere Flächen entfernen Sie mit Küchenkrepp oder Kosmetiktüchern.

Soll lediglich eine winzig kleine Linie entfernt werden, nehmen Sie einen Zahnstocher zu Hilfe. Auch so können Sie die Farbe aufnehmen und entfernen.

Für jede Korrektur sollten Sie einen frischen Zahnstocher oder ein neues Wattestäbchen benutzen.

Ist aber einmal die ganze Malerei danebengegangen, können Sie alles unter fließendem Wasser wieder abwaschen.

Ausmalen von Flächen

Sind die Konturen eingebrannt, können Sie mit dem flächigen Ausmalen beginnen. Am einfachsten sind kleinere Flächen zu malen, die größeren erfordern etwas mehr Übung, da die Farbe immer wieder dazu neigt, sich wie ein gespannter Gummi zusammenzuziehen.

SIE BENÖTIGEN

- *einen Katzenzungen-Pinsel*
- *verschiedene Farben*
- *wasserlösliches Medium*

SO WIRD'S GEMACHT

Spachteln Sie die Farbe mit wenig Medium an, bis sie gleichmäßig erscheint und sich bei einer Probe mit dem Pinsel als satter Farbton auf der Kachel aufstreichen läßt.

Falls Sie einen helleren Ton bevorzugen, sollten Sie nicht entsprechend mehr Medium zugeben, sondern in diesem Fall wenig Farbe auf einer größeren Fläche gleichmäßig ausstreichen.

Zum Malen verwenden Sie einen sogenannten Katzenzungen-Pinsel, der je nach Größe der zu bemalenden Fläche breiter oder schmaler sein kann. Tauchen Sie den Pinsel in die Farbe, damit er sich erst einmal vollsaugt, dann streichen Sie die überschüssige Farbe etwas auf der Kachel ab.

Beim Malen bringen Sie die Farbe eher stupfend innerhalb der Konturlinie auf und bewegen sie hin und her, bis ein gleichmäßiger Farbauftrag entsteht.

TIP

Vermeiden Sie einen dicken, reliefartigen Farbauftrag; dieser ist nicht nur mit höherem Pigmentverbrauch verbunden, sondern beinhaltet auch das Risiko, daß die Farbe während des Brandes »abrollt« und somit keine innige Verbindung mit der Glasur zustande kommt.

Zeichnen und Schreiben mit der Feder

Mit einer Feder als Instrument zum Zeichnen lassen sich mit etwas Übung nicht nur gleichmäßigere Linien erzielen, sondern auch Texte in die Gestaltung mit einbeziehen. Mit dem Pinsel wäre dies etwas mühseliger.

Hierzu muß die Farbe dünnflüssiger angespachtelt werden. Achten Sie aber auch darauf, daß sie nicht zu flüssig wird und verläuft.

Sie benötigen

- *eine Zeichenfeder*
- *schwarze Porzellanfarbe*
- *wasserlösliches Medium*

So wird's gemacht

Mit der Unterseite der Feder nehmen Sie etwas Farbe von der Kachel auf. Dann halten Sie diese senkrecht nach unten und streifen mit einem Zahnstocher den tropfenden Überschuß ab. Die Farbe läßt sich jetzt, ähnlich wie Tusche, durch sanften Druck der Feder auf die Fläche aufbringen.

Führen Sie die Feder so, daß Sie bequem zeichnen bzw. schreiben können. Sollte es nicht auf Anhieb klappen, drehen Sie sie etwas, bis die für Sie günstigste Position erreicht ist.

Mit der Feder und schwarzer Porzellanfarbe können Sie Ihre Werke auch sichtbar signieren. Schreiben Sie dazu Ihre Initialen oder Ihren Namen, zusammen mit der Jahreszahl.

Das Schreiben können Sie auch auf einer ebenen Fläche, einer Kachel oder einer flachen Tellerfahne üben.

Schreiben Sie ganz locker darauf los; wichtig ist nur, daß Sie ein Gefühl dafür bekommen, wie schnell oder wie langsam die Farbe aus der Feder fließen soll.

Wahrscheinlich wird der Schreibrhythmus auf Porzellan etwas langsamer sein als auf Papier, aber die Farbmenge, die die Feder aufnehmen kann, ist weitaus größer als beim Pinsel, so daß Sie über einen längeren Zeitraum hinweg arbeiten können, ohne ständig neue Farbe aufnehmen zu müssen.

Hinweise zur Gestaltung

Ein mehrteiliges Porzellanservice gestalten Sie durch gewisse Übereinstimmungen in Farbe, Form oder Mustern so, daß sich alle Teile kombinieren lassen.

Wenn Sie, wie ich, Schwarz-Weiß-Fan sein sollten, können Sie selbstverständlich alle Beispiele nur mit schwarzer Farbe nacharbeiten. Vergessen Sie aber trotzdem nicht, ein wenig Farbe mit ins Spiel zu bringen. Auch kleinste Farbflächen tragen sehr stark zur Wirkung eines Gegenstandes bei.

Wollen Sie hingegen viele Farben einsetzen und eine bunte, fröhliche Wirkung erzielen, dann tun Sie gut daran, immer wieder dieselben Farben in wechselnden Kombinationen auf Ihrem Geschirr zu verwenden; so lassen sich auch hier die unterschiedlichen Teile sehr gut kombinieren.

Schreiben sollten Sie am besten in Ihrer Handschrift; das wirkt überzeugend und ehrlich.

Arbeitsmodelle

Zebra, Giraffe und Kuh

Tiere als Dekorationsmotive erfreuen sich seit langem großer Beliebtheit. In Form von Butterdosen, Salzstreuern, Teekannen und Eierbechern kommen so Hühner, Gänse, Katzen und Kühe auf den Tisch. Ergänzen Sie Ihre Sammlung durch diese Tellermotive; die beliebte Kuh wird hier begleitet von einem Zebra und einer Giraffe.

SIE BENÖTIGEN

- *Porzellanteller (Ø hier 25 cm) mit breiterer Fahne*
- *Fotokopie(n) der Vorlage*
- *Kohlepapier, Kugelschreiber*
- *Klebeband (Tesakrepp)*
- *Zeichenfeder mit Halter*
- *dünnen Pinsel*
- *schwarze Porzellan- oder Dekorfarbe*

SO WIRD'S GEMACHT

Die für Ihren Teller entsprechend vergrößerte oder verkleinerte Vorlage kleben Sie über Kohlepapier auf Ihrem Teller auf.

Dann werden die Umrisse der Tiere und Fellstrukturen mit schwarzer Porzellanfarbe und Feder nachgezeichnet. Brennen Sie diese Linien ein.

Mit Pinsel und Porzellanfarbe malen Sie schließlich die Flächen am Körper der Tiere und rings um die Fahne aus. Nach dem Vortrocknen erneut brennen.

TIP

Wiederholen Sie die Fellmuster als dekoratives Element auf anderen Geschirrteilen, die Sie dazu kombinieren wollen.

Herzmotive

Herzen symbolisieren nicht nur Liebe und Glück, sondern gehen in Form von Lebkuchen, Kuchen zum Muttertag und vielen Schokoladenvariationen auch durch den Magen.

Dieser Teller ist voller »Herz«-Ideen und läßt sich unerschöpflich variieren.

SIE BENÖTIGEN

- *Porzellanteller mit 25 cm Durchmesser*
- *Pappe oder festes Papier*
- *Schere*
- *All-Stabilo-Stift*
- *Feder mit Federhalter*
- *schwarze und bunte Porzellanfarben*
- *Katzenzungen-Pinsel*

SO WIRD'S GEMACHT

Herzschablone auf festes Papier oder Pappe übertragen und ausschneiden.

Mit Klebepads auf dem Teller befestigen und mit dem All-Stabilo-Stift umfahren.

Die Position der Schablone mit den Klebepads ablösen und sooft Sie wollen an anderen Stellen des Tellers montieren und kopieren.

Die Linien mit der Feder und schwarzer Porzellanfarbe nachzeichnen und frei oder nach der Vorlage weiterzeichnen.

Vielleicht fügen Sie mit der Feder noch eine Widmung oder einen Spruch hinzu – ganz nach Wunsch.

Erster Farbbrand.

Dann malen Sie die Herzen nach Wunsch oder nach der Vorlage aus.

Zweiter Farbbrand.

TIP

Zum Verschenken können Sie den Teller zum Beispiel mit in Stanniol eingewickelten Schokoladenherzen füllen. Packen Sie alles in Klarsichtfolie – mit einem Anhänger in Herzform; herzlicher geht es nicht mehr.

Herzilein

Bären-Service

Dieses Service erfreut nicht nur Kinderherzen, sondern auch die vielen Freunde dieser zottigen Gesellen.

Mit nur drei verschieden großen Vorlagen können Sie durch Variationen der Dekoration und mit verschiedenen Augen- und »Mundstellungen« jedes Motiv individuell verändern.

Die Dessertteller könnten Sie mit kleinen »Appetitanregern« wie »Honig, Marmelade, Cornflakes, Butterkuchen, Salamibrötchen, Buttercroissants, Laugenbrot, Käsebrötchen« ... versehen, für die Untertassen sind mir ein paar Sätze entweder in Zusammenhang mit den Bären oder meinen Kindern eingefallen.

Lassen Sie sich bei der Entwurfsarbeit für die Bären- oder eine andere Aktion durchaus auch unterstützen. Aus den Entwürfen meines Sohns Philipp (11 Jahre) entstand eine eigene Tasse.

Schnittlauchbrot.
Bärliner.
Meine Mama

SO WIRD'S GEMACHT

Kopieren Sie die Bärenmotive in entsprechender Größe auf Ihr Geschirr und gestalten Sie diese nach Wunsch weiter (vgl. hierzu Seite 62 bis 63). Kombinieren Sie auch mit kleinen Obst- und Gemüse-Stempeln oder passenden Motiven, wie hier bei den tiefen Tellern.

Schreiben Sie kleine Texte auf die Untertassen und machen dann den ersten Brand.

Nun bemalen Sie die Bärenköpfe mit dunkelbrauner Farbe; mal etwas strukturiert durch kleine Pinselstriche, mal mit weniger Farbe oder mehr, oder auch gleichmäßig angestrichen, so daß auch durch den Farbauftrag verschiedene Gestaltungen erzielt werden. Anschließend zum zweiten Mal brennen.

Bemalen Sie auch die restlichen Farbflächen mit einem schmalen Katzenzungen-Pinsel. Dabei sollten Sie sich auf wenige Farben beschränken.

Jetzt können Sie mit dem Schwämmchen den Rand gestalten und abschließend brennen.

Hochzeit

Für Leute mit Humor ist dieser, für eine Hochzeit passende originelle Teller gedacht.

Die Anregung dazu stammt von einem Glasteller aus Preßglas. Als er schließlich zu Bruch ging, konnte ich das »Herzstück« mit einem Abdruck in feuchtem Ton erhalten.

Dieses Motiv wurde in eine Zeichnung umgesetzt, verschiedene Haushaltsutensilien und die Schrift fügte ich hinzu.

Wenn Sie diesen Teller verschenken wollen, setzen Sie noch das Hochzeitsdatum und die Namen des Brautpaars hinzu, verbunden mit dem Wunsch, daß der Teller nicht gedreht werden muß.

Angefertigt wird das Stück nach der auf Seite 20 bis 21 beschriebenen Grundtechnik. Malen Sie die roten Flächen erst nach dem ersten Farbbrand und brennen sie diese dann bei 750 °C ein, damit die rote Farbe in Ihrer Leuchtkraft erhalten bleibt.

Die hier gezeigten Beispiele beziehen sich auf einen 8,5 cm hohen Kaffeebecher mit Henkel und einem Umfang von 24,5 cm.

Die Malfläche ist 7 cm hoch und 23 cm breit. Das Motiv beginnt etwa 1 cm unterhalb des oberen Tassenrandes.

»Durch die Blume gesagt«

SIE BENÖTIGEN

- *Transparentpapier*
- *Kugelschreiber oder Bleistift*
- *Kohlepapier*
- *Zeichenfeder*
- *blaugrüne Porzellanfarbe*
- *Tesakrepp*

Motivationstassen und -becher

Mit individuellen Sprüchen versehen, lassen sich Tassen und Becher ganz dem jeweiligen Anlaß entsprechend als »Motivationstassen« usw. gestalten – zum Beispiel mit Glückwünschen zum Geburtstag oder zur bestandenen Fahrprüfung. Möglichkeiten ergeben sich aus dem Alltag heraus tagtäglich.

Viele Sprüche sind im Umlauf und lohnen, als Mut- und Muntermacher einmal auf eine Tasse geschrieben zu werden.

Schreiben Sie von heute an jeden Spruch, der Ihnen gefällt, in ein kleines Büchlein. So haben Sie immer einen Ideenvorrat für Ihre Projekte.

SO WIRD'S GEMACHT

Die Vorlage auf Transparentpapier übertragen und auf die Tasse kopieren (zum Kopieren siehe Grundtechniken, Seite 20).

Nun schreiben Sie die Sprüche in Blütenform, bei x beginnend; anschließend Stengel und Blätter hinzuzeichnen.

Nach dem ersten Brand die Blätter mit Grüntönen ausmalen (hier: blaugrün).

Den Rand können Sie mit dem Schwämmchen in der gleichen Farbe einfärben.

Zum Schluß schreiben Sie den Spruch als Untergrund für die Blumen, beginnend beim Henkel, passen Sie dabei die Schrift dem Tassenumfang an.

»Kamel«

Das Motiv zu dieser Tasse mit Untertasse leitet sich von dem Spruch ab, den Sie vermutlich schon einmal gehört haben:

»Wer fleißig ist wie eine Biene, rackert wie ein Pferd, abends müde ist wie ein Hund, der sollte schleunigst zum Tierarzt gehn; vielleicht ist er ein Kamel.«

Dieser Spruch paßte bis auf die letzten beiden Worte auf die Untertasse, so daß das Satzende »ein Kamel« zusammen mit dem Motiv auf der Tasse steht.

Spezielle Techniken

Anhand konkreter Beispiele werden in den folgenden Abschnitten spezielle Techniken vorgestellt, mit denen Sie Ihre gestalterischen Möglichkeiten noch erweitern können.

Randgestaltung: Schwämmchentechnik

Eine sehr einfache und wirkungsvolle Methode zur Gestaltung von Rändern ist die Technik mit einem Schwämmchen. Die dadurch entstehenden geometrischen Formen und Muster ersetzen eine aufwendige Bemalung.

Sie benötigen

- *Viscoseschwämmchen (Fa. Stewa)*
- *Klebeband, z. B. Tesakrepp*
- *Kachel mit malfertiger Porzellanfarbe (siehe »Anmischen«, S. 11)*

So wird's gemacht

Das Schwämmchen wird mit der Breitseite in die Farbe und anschlie-

ßend auf der Kachel etwas abgetupft, damit sich später keine unerwünschten Flecken auf dem Geschirr bilden.

Dann stupfen Sie die Farbe auf den Rand des Tellers oder Gefäßes. Dieses dabei immer weiter drehen, bis die Gestaltung ringsum gleichmäßig angelegt ist.

Variationen

Andere Formen lassen sich sehr leicht erzielen – indem Sie nämlich das Schwämmchen so führen, daß es entweder mit einer Ecke, Kante oder Breitseite auf den Rand auftrifft.

So entstehen unterschiedliche dreieckige, rechteckige oder schmale Flächen; je nachdem, wie Sie das Schwämmchen auf das Gefäß aufdrücken oder wie weit Sie es in den Rand hineinragen lassen.

Eine weitere Möglichkeit besteht darin, unterschiedliche Farben nacheinander aufzutragen. Verwenden Sie hierbei für jede Farbe ein eigenes Schwämmchen.

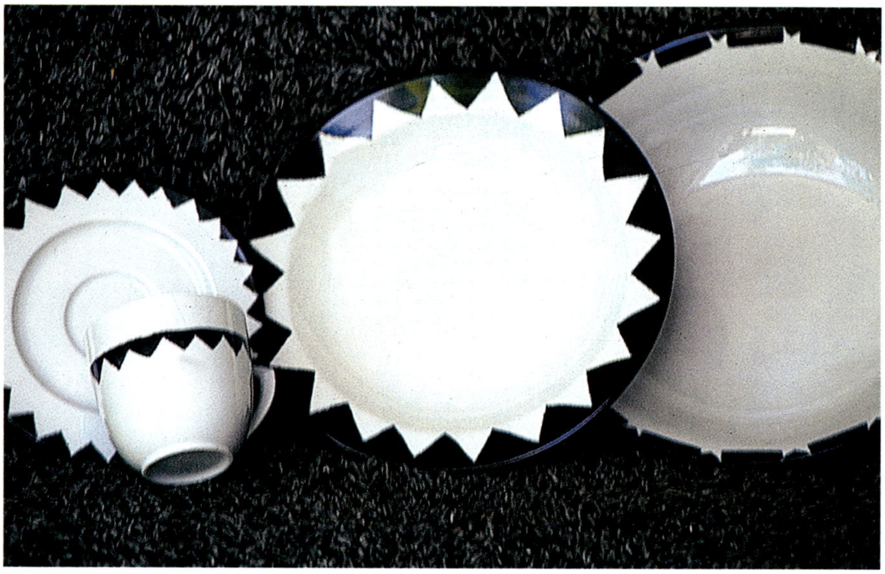

Flächengestaltung

Der schwierigste Teil der Porzellanmalerei liegt in der Gestaltung bzw. dem Bemalen von großen, zusammenhängenden Flächen.

Professionelle Porzellanmalerei ist ein Handwerk mit einer dreijährigen Ausbildungszeit; und ich vergesse in diesem Zusammenhang nie, was mir einmal ein Porzellanmaler gesagt hat:

»... und am schwierigsten sind die Flächen zu malen; um das zu erlernen, braucht man am längsten.«

Um mit diesen Schwierigkeiten fertigzuwerden, kann man aber auch auf einige Tricks zurückgreifen, die ich in diesem Kapitel vorstellen möchte.

Schablonentechnik

Unter der Bezeichnung »Stencil« sind in Bastelgeschäften vielerlei figürliche Motive und florale Muster ausgestanzt als Negativschablonen erhältlich. Vielfach werden diese Motive für den Stoffdruck, für Gestaltungen auf Papier und Pappe, zur Verzierung von Wänden und anderem mehr angeboten.

Sie können diese Motive aber nicht nur für Ihre Porzellanfarben, sondern auch in hervorragender Weise für die Porcelaine 150-Farben nutzen.

Oder aber Sie entdecken und kreieren Ihre eigenen Schablonen. Auf der Suche nach geeigneten Vorlagen stieß ich auf die altbekannte Tortenspitze und fehlbelichtetes Filmmaterial; Kreisschablonen ergaben sich aus den Rollenabdeckungen von Geschenkband.

Benützen können Sie so ziemlich alles – Hauptsache, Sie bekommen das Material glatt auf die zu schablonierende Fläche.

Hierzu ein paar Beispiele:

Sie benötigen

- *runde Tortenspitze in der Größe Ihres Tellers*
- *Klebepads (Uhu)*
- *Viscoseschwämmchen*
- *Porzellan- oder Dekorfarbe nach Wahl*

So wird's gemacht

Befestigen Sie die Schablone mit ein paar Klebepads (Uhu) so auf einem Teller, daß sie eben aufliegt.

Nun werden die freien Stellen mit der Farbe Ihrer Wahl betupft. Wie bei allen Schwämmchentechniken sollte auch hier die Farbe eher pastos angespachtelt werden.

Lassen Sie dann die Farbe etwas antrocknen und ziehen Sie Ihre Schablone ab. Fertig!

Variation

Mit der Hand als Motiv können Sie eine regelrechte Familienserie anfertigen. Und mit »Kinder-Handtellern« wird die »wachsende Veränderung« der Kleinen nachvollziehbar.

Als Schablone verwenden Sie Vorlage auf Seite 67 oder fertigen Ihre individuellen »Handabdrücke« an. Dazu legen Sie Ihre Hand (bei Rechtshändern vorzugsweise die linke) auf ein Stück Papier. Die Konturen mit Bleistift nachzeichnen und die Schablone ausschneiden.

CH 36 EXP

Abkleben mit Klebeband

Klebeband eignet sich hervorragend dazu, exakte Flächen zu begrenzen und auf Ihrem Porzellangeschirr Einteilungen vorzunehmen. Mit dieser Technik können Sie Ränder, aber auch größere Flächen gestalten.

Kleben Sie die Randbreite oder die gewünschten Flächen sorgfältig ab. Achten Sie darauf, das Band (Tesakrepp) gut anzudrücken, damit keine Farbpartikelchen daruntergeraten. Dann wird die Farbe zwischen den Klebestreifen mit dem Schwämmchen aufgestupft.

Lassen Sie alles etwas antrocknen, bevor Sie die Streifen wieder vorsichtig abziehen. Falls doch etwas Farbe unter die Klebestreifen geraten ist, entfernen Sie diese mit Wattestäbchen.

SIE BENÖTIGEN

- *Klebeband (Tesakrepp)*
- *Porzellan- oder Dekorfarben*
- *Viscoseschwämmchen*
- *Wattestäbchen zum Korrigieren oder Gestalten*

SO WIRD'S GEMACHT

Numerieren Sie die Klebestreifen in der Reihenfolge, wie Sie sie auf die Fläche aufbringen; dies ist besonders wichtig, wenn sie übereinander geklebt werden. Dann tragen Sie die Farbe wieder tupfend mit dem Viscoseschwämmchen auf.

Ist die Fläche fertiggestellt, ziehen Sie die Klebestreifen in umgekehrter Zahlenfolge wieder ab.

Jetzt werden die Kanten der Flächen gegebenenfalls noch mit Wattestäbchen begradigt.

Nach Wunsch können Sie mit den Wattestäbchen das Dekor noch weiter durch Linien oder andere Formen ausgestalten.

VARIATIONSMÖGLICHKEITEN

Wenn Sie die geraden Klebebandkanten vom Teller stückchenweise abziehen, in der Mitte einreißen und, so zweigeteilt, wieder etwas versetzt auf den Teller aufbringen, entstehen lebendige, komplexere Linienstrukturen.

Diese »abgerissenen« Streifen können nach dem Farbauftrag mit Wattestäbchen durch Auswischen weiter bearbeitet werden.

TIP

Experimentieren Sie auch mit verschiedenen Schwämmen für den Haushalt oder die Körperpflege; schneiden Sie dazu handliche Stücke mit einem scharfen Messer ab. So haben Sie die Möglichkeit, unterschiedlichste Strukturen zu erzielen.

Stempeldekore

Stempeln ist in Mode gekommen, daher finden Sie in Schreibwarengeschäften und Bastelläden eine riesige Auswahl an witzigen, originellen und interessanten Stempelmotiven. Auch Museen bieten in ihren Shops künstlerisch gestaltete Stempel an.

Stempeln spart eine Menge Zeit und das Vervielfältigen eines Motivs wird zum Kinderspiel.

Auf den folgenden Seiten möchte ich Ihnen zeigen, wie Sie verschiedene Stempel für Ihre kreative Gestaltung nutzen können.

Gummistempel

Verzieren Sie zum Beispiel eine Tasse mit Ihren Initialen – damit gibt es garantiert keine Verwechslungen mehr. Im Büro oder Zuhause können Sie jetzt Ihrer Tasse sicher sein.

In Kombination mit weiteren Motivstempeln, Sprüchen und Randdekorationen ergibt das eine »runde Sache«.

Sie benötigen

- *Gummistempel nach Wunsch*
- *Viscoseschwämmchen*
- *schwarze Porzellanfarbe*

daß der Hauptzweck das Geniessen

So wird's gemacht

Schwarze Porzellanfarbe mit wenig Medium mischen. Mit dem Schwämmchen nehmen Sie die Farbe auf und tupfen an einer freien Stelle auf der Kachel den Überschuß ab.

Dann den Stempel mit dem Schwämmchen betupfen.

Drücken Sie den Stempel sanft auf dem Porzellan auf. Gelingt der erste Druck nicht, mit einem Stück Küchenkrepp wieder abwischen und den nächsten Versuch starten.

Sie können den Stempel als Einzelmotiv verwenden oder auf diese Weise mit verschiedenen Motiven oder durch Wiederholung desselben Borten oder auch Flächenmuster entstehen lassen.

Tip

Üben Sie auf zylindrischen Gefäßen und flachen Tellern, denn das ist einfacher; schwieriger ist die Technik anfangs bei gewölbten Gegenständen durchzuführen.

Moosgummistempel

Anstatt fertig gekaufter können Sie die Stempel auch selbst anfertigen. Wie das geschieht, wird anhand dieser Tasse mit Pferdchen demonstriert.

Sie benötigen

- *Ein kleiner Rest Moosgummi (ca. 3 mm dick)*
- *Nagelschere*
- *Kohlepapier, Kugelschreiber*
- *Holzklötzchen*
- *UHU-Allplast*

So wird's gemacht

Übertragen sie die Umrisse des Pferdchens oder Ihres selbst gezeichneten Motivs mit Kohlepapier und Kugelschreiber auf den Moosgummi (siehe dazu Seite 20). Dann schneiden Sie es mit der Nagelschere aus.

Das Holzklötzchen komplett mit UHU-Allplast einstreichen und dann sofort das Moosgummi-Motiv auf den Klebstoff drücken.

Nach einer kurzen Ruhezeit ist der Stempel sofort einsatzbereit. Gestempelt wird wie auf Seite 42 beschrieben.

Nachdem die Farben getrocknet sind (oder nach dem ersten Brand?) kann das Motiv weiter verziert werden.

Tip

Mehrfarbig stempeln können Sie, wenn die Kachel streifenartig mit verschiedenen Farben bestrichen ist; drücken Sie den Stempel direkt auf die Kachel auf – wie bei einem Stempelkissen. Dabei können reizvolle Strukturen entstehen (s. Abb. S. 57).

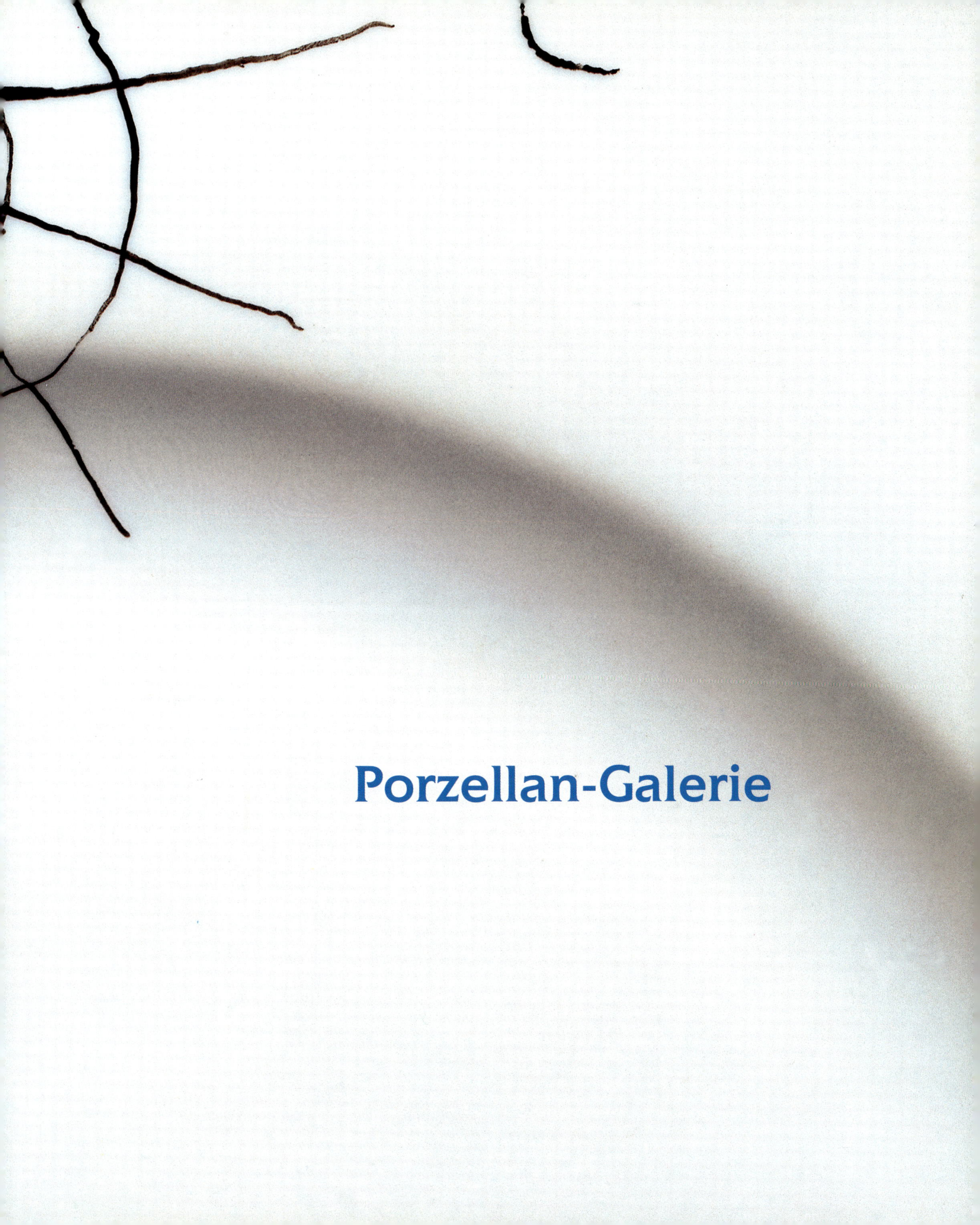

Porzellan-Galerie

Ethno-Motive

Was uns an diesen frühen kulturellen Leistungen außereuropäischer Völker so begeistert, ist die klare, einfache und eindrucksvolle Formensprache, insbesondere von Tier- und Menschendarstellungen.

Für diese Teller-Serie habe ich verschiedene Motive grafisch umgesetzt und mit unterschiedlichen Dekorrändern versehen.

Für ein Service können Sie die Motive der Teller noch einmal wiederholen oder aber auch nur die Randgestaltung dafür übernehmen, damit ein einheitlicher Charakter erzielt wird.

Kombinieren Sie dieses Geschirr mit gestreiften oder gepunkteten Papierservietten in Schwarz-Weiß.

Zur Ausarbeitung der Motive siehe Grundtechniken Seite 21 bis 22. Beschränken Sie sich bei der farbigen Gestaltung auf Schwarz, Orangerot, und Gelbbraun.

Die Ränder wurden mit dem Viscoseschwämmchen (siehe Schwämmchentechnik, Seite 34) ausgeführt.

Serviette und Teller

Die Idee zu diesem Teller entstand, als mir meine Schwester Brigitta Papierservietten mit Teller und Besteck mitbrachte. Schnell war das Serviettenmotiv in ein Teller-Motiv umgesetzt.

Legen Sie beim Aufdecken die Serviette auf den Teller. Verblüffen Sie Ihre Gäste damit, daß darunter das Motiv wie ein Abdruck zu sehen ist.

Dasselbe Prinzip läßt sich natürlich auch mit vielen weiteren schönen Servietten-Motiven realisieren.

Mit freundlicher Genehmigung der Firma Scandolet in Langenhagen kann ich Ihnen dieses Motiv hier zeigen.

Zur Technik siehe Seite 21 bis 22.

Randgestaltung mit dem Schwämmchen, die Stege bzw. Verbindungen zu den Rechteckfeldern werden mit dem Katzenzungen-Pinsel ausgearbeitet.

Das Besondere an diesem Motiv ist die schlichte und leicht unregelmäßige Gestaltung. Sie verleiht dem Teller einen ganz speziellen Charme, den Sie ihm nicht durch einen gewissen Perfektionismus nehmen sollten.

Platzteller mit Christian-Morgenstern-Gedichten

(Ø 31 cm)

nach Illustrationen von Lisbeth Zwerger, Neugebauer Verlag, Gossau (CH)

Lisbeth Zwerger gehört zu meinen liebsten Buchillustratorinnen. Ihre Arbeiten regten mich zu diesen Platztellern an. Die grafische Gestaltung eignet sich hervorragend für die im Buch beschriebenen Techniken, wobei der Hinter- bzw. Untergrund mit dem Schwämmchen eingefärbt wurde.

Mädchenkopf

Aus dem Liniengefüge der Haare entstanden frei gezeichnete Motive. Diese sitzen, wie an Fäden befestigt, an den Haarspitzen. Alles scheint miteinander verwoben, auch die Hand wird nur durch rote Fingernägel angedeutet.

Jetzt habe ich noch keinen Hunger. Erst später, wenn mein Teller fertig gemalt ist und im Ofen war.
Renate '97
Immerzu nur das tun, was mir gefällt, das, was ich gerade jetzt, in diesem Moment, tue und genieße, ist schön.
Renate 96
SANS SOUCIS

»Traumstadt«

Vor über zwanzig Jahren fertigte ich aus Resthölzern Kinderspielzeug, wie diese Holzhäuser, wobei ich viele Ecken, Rundungen und Kanten entstehen ließ. Die Holzmaserung diktierte dann den Verlauf der Fenster und Türen – daher wirkt alles etwas verschoben. Da es in Wirklichkeit keine solchen Häuser gibt, nannte ich sie »Traumhäuser«.

Später regten sie mich zur Gestaltung von Platztellern (Ø 31 cm) an, wobei jeder sich vom anderen unterscheidet. Manche haben auch einen individuellen Spruch am inneren Tellerrand erhalten. Die Motive lassen sich auf vielen Porzellanteilen realisieren.

»Liniengefüge«

In teilweise abgeklebte und getönte Flächen wurden nach dem ersten Brand mit der Feder und schwarzer Porzellanfarbe Linien hineingezeichnet, die zusammen gesehen ein optisch sich veränderndes Gebilde darstellen, vergleichbar mit Höhenlinien. Die Oberfläche wirkt dadurch sehr bewegt.

»Vogelteller«

Vögel auf einem Tellerrand? Meist sind es Spatzen, die sich bei uns im Garten, frech wie sie nun mal sind, etwas vom Tisch holen – auch vom Teller! Hier wurde die ganze »Bande« im Kleinformat festgehalten.

»Improvisationen«

Experimente mit Farben.
Erprobt wurden alle Materialien, wie Schwämmchen, Pinsel, Wattestäbchen.

Experimenteller, mehrfarbiger Druck mit Zufall-Effekt. Moosgummireste wurden dabei auf ein Holzklötzchen geklebt, abgedruckt, gebrannt, und anschließend mit Pinsel und schwarzer Porzellanfarbe konturierend gestaltet. Dazu die passend zur Fliese bedruckte Tasse.

Abgeklebte Farbflächen wurden nach dem Brand linear »glasbild-artig« konturierend bemalt.

Ovale Platte mit Figur

Ausgangsmotiv bildete das Mädchen in der (schwierigen) Ovalform der Platte. Den Phantasierand verband ich mit Linien, die eher an die Bleistege eines Glasbildes erinnern.

Vorlagen

Vergrößern oder verkleinern Sie die hier gezeigten Vorlagen mit dem Fotokopiergerät so, daß sie auf das von Ihnen gewählte Porzellan passen.

Vorlage Kuh und Zebra

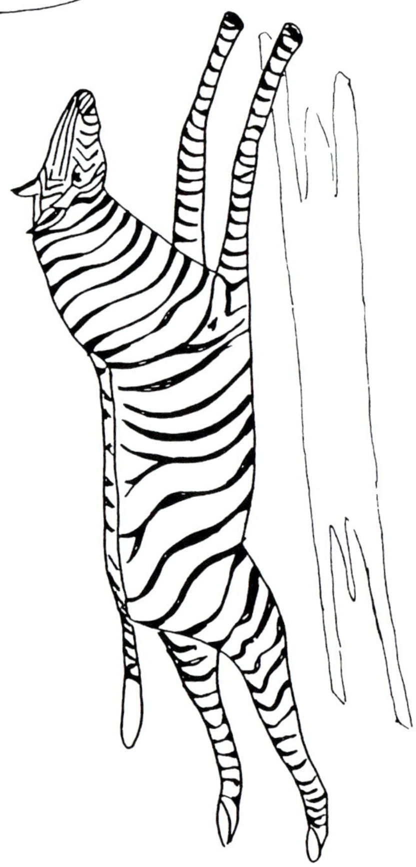

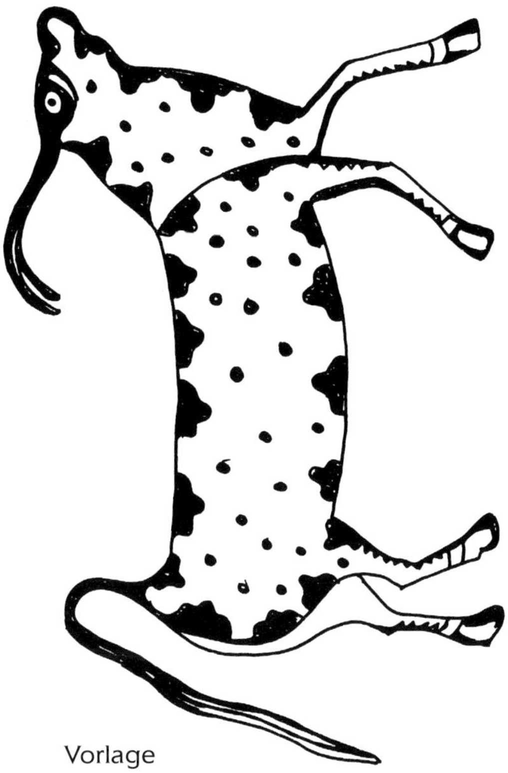

Vorlage
»Impressionen in Blau«

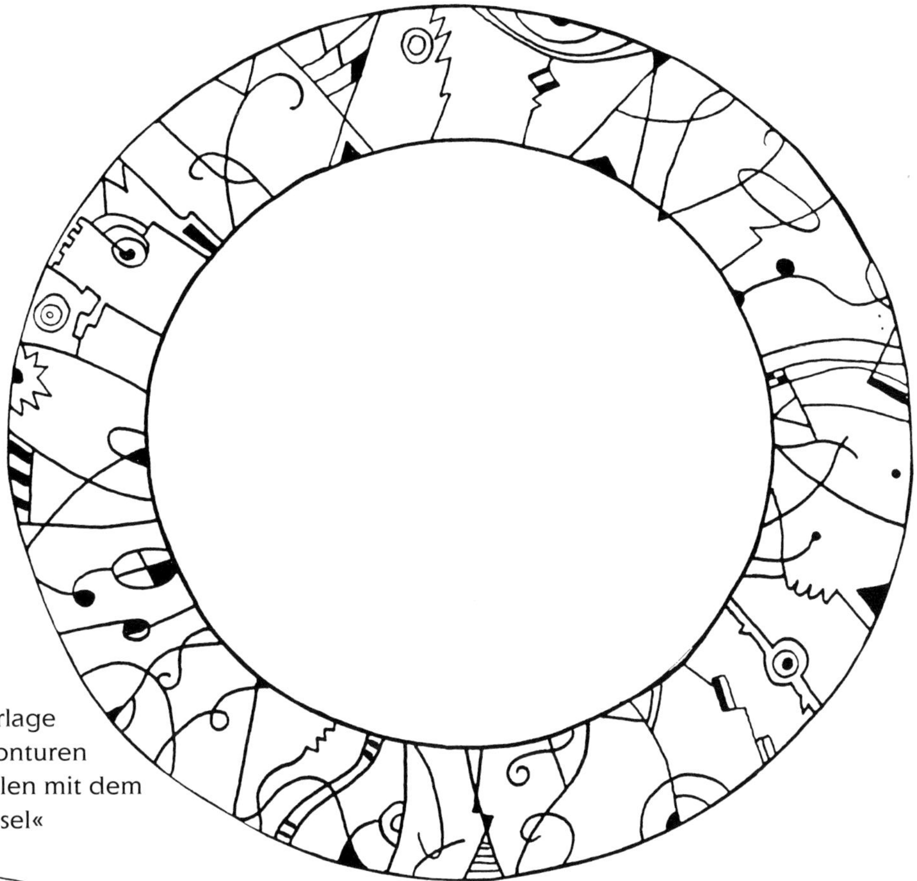

Vorlage
»Konturen
malen mit dem
Pinsel«

Vorlage Zebra

Variationen
Vorlage »Bär«

Vorlage »Bär«
Größte Vorlage
für einen
großen Teller

Vorlagen Bär, klein

Philipp's Entwürfe (Philipp Eppler, 11 Jahre)

»Herzmotive«-Variationsmöglichkeiten

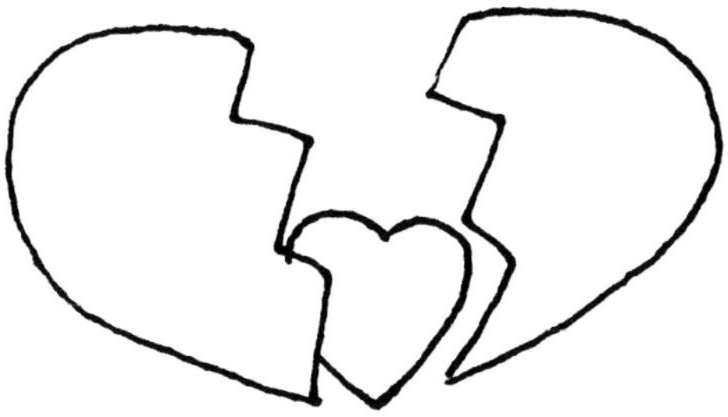

Vorlage »Kamel«

Vorlage »Pferdchen«
für Moosgummistempel

Vorlage »Hochzeit«

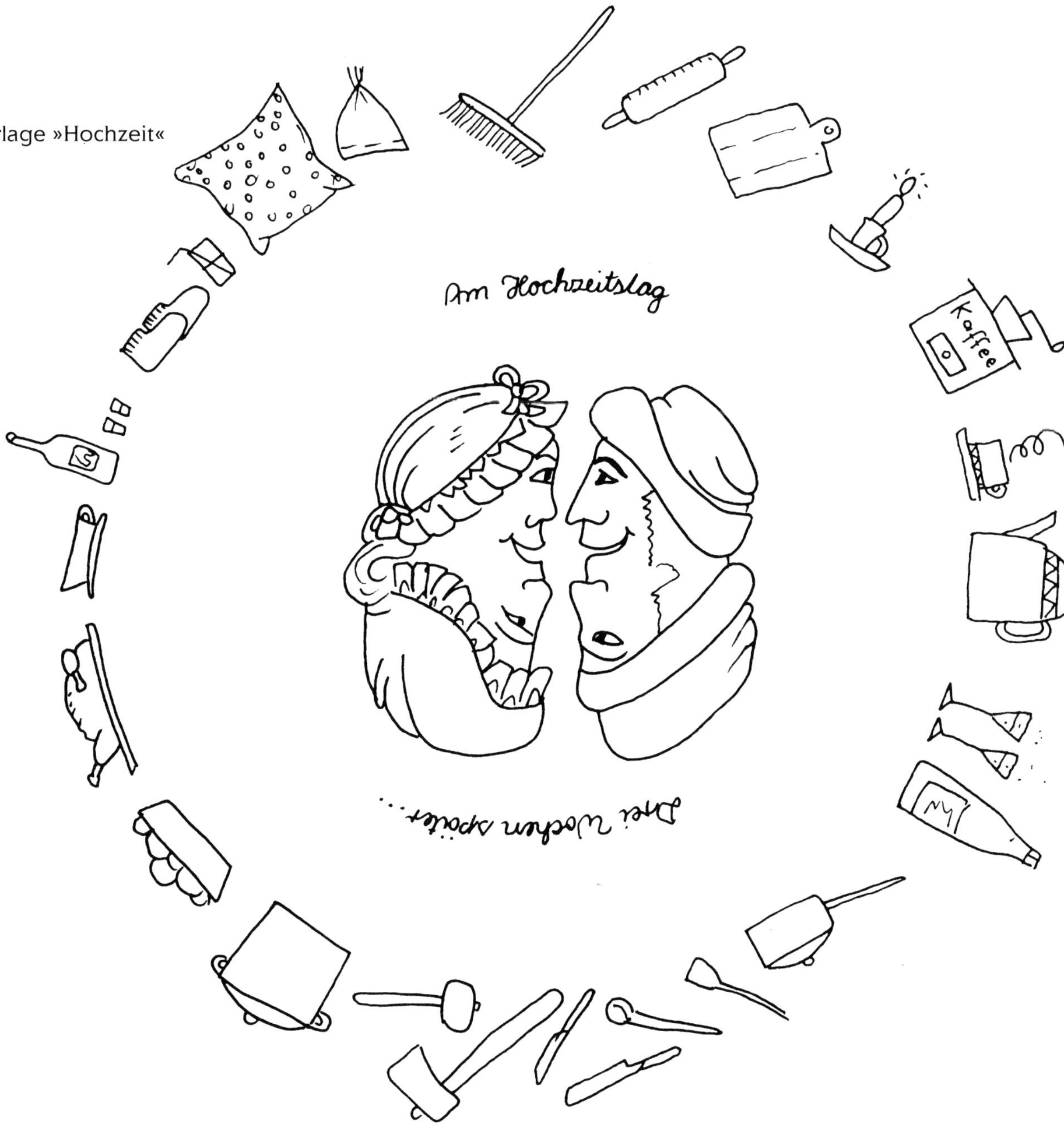

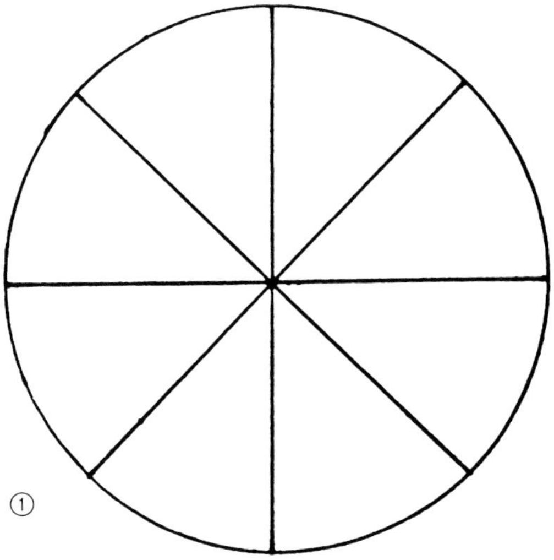

①

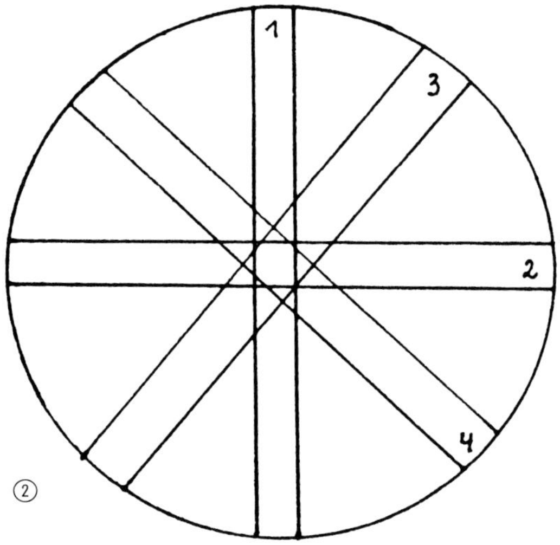

②

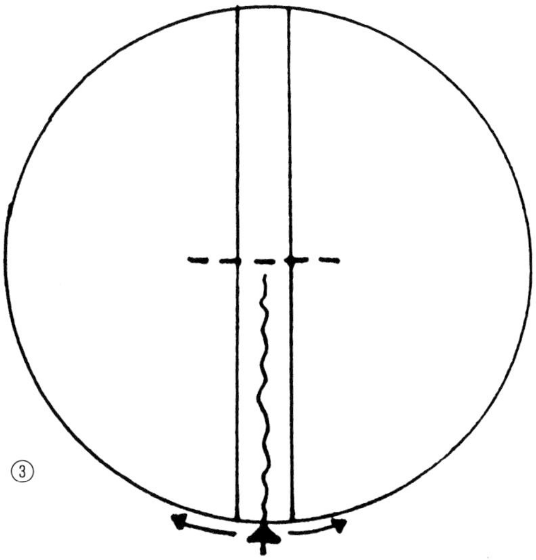

③

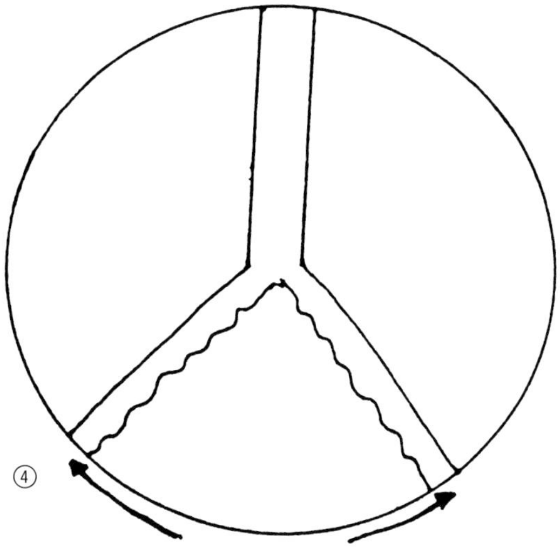

④

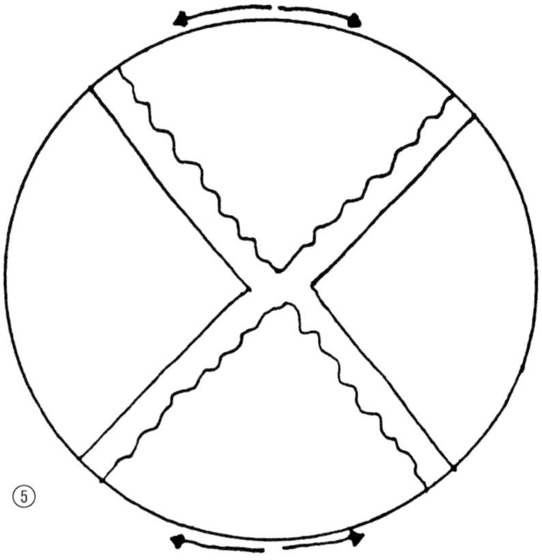

⑤

Abkleben von Flächen:

① Optische Einteilung des Tellers

② Abkleben mit Klebeband; die Streifen sollten über den Tellerrand gehen.

③ Breiten Streifen auflegen, von unten wieder ablösen und bis zur Mitte einreißen,

④ dann nach außen versetzt aufkleben.

⑤ Jetzt dasselbe mit dem anderen Ende des Streifens machen.

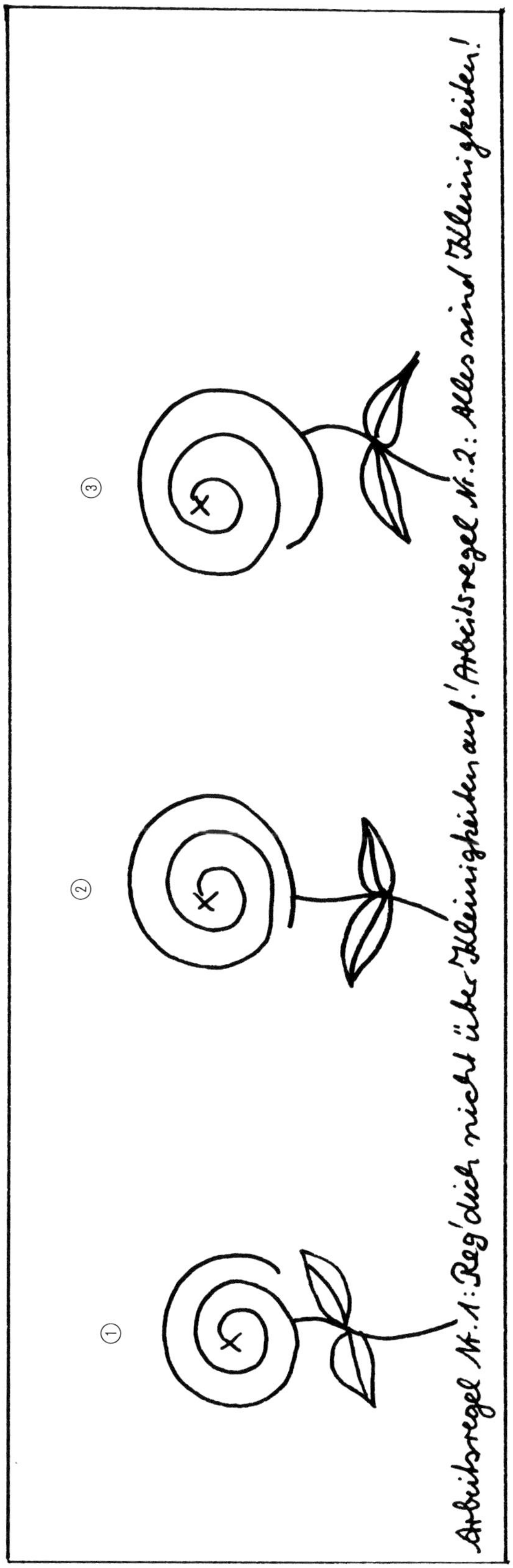

Vorlage »Durch die Blume gesagt«

SPRÜCHE:

① Wer nichts tut,
weiß nie genau
wann er fertig ist

② Niemand ist unnütz!
Er kann immer noch
als schlechtes Beispiel
für andere dienen.

③ Lieber über
Nacht versumpfen,
als im Sumpf
übernachten

X = Satzanfang

Vorlage
für »Handteller«

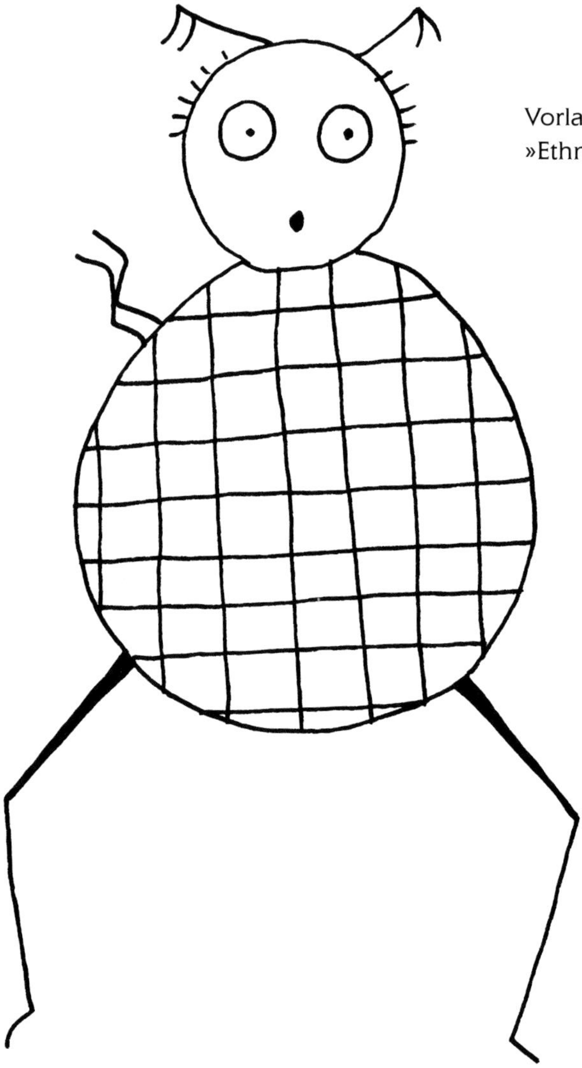

Vorlagen
»Ethno-Motive«

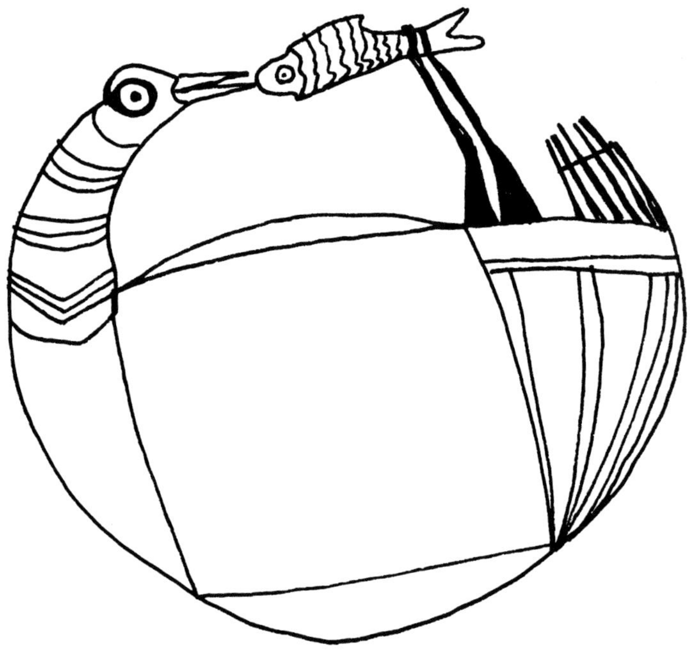

Vorlagen
»Ethno-Motive«

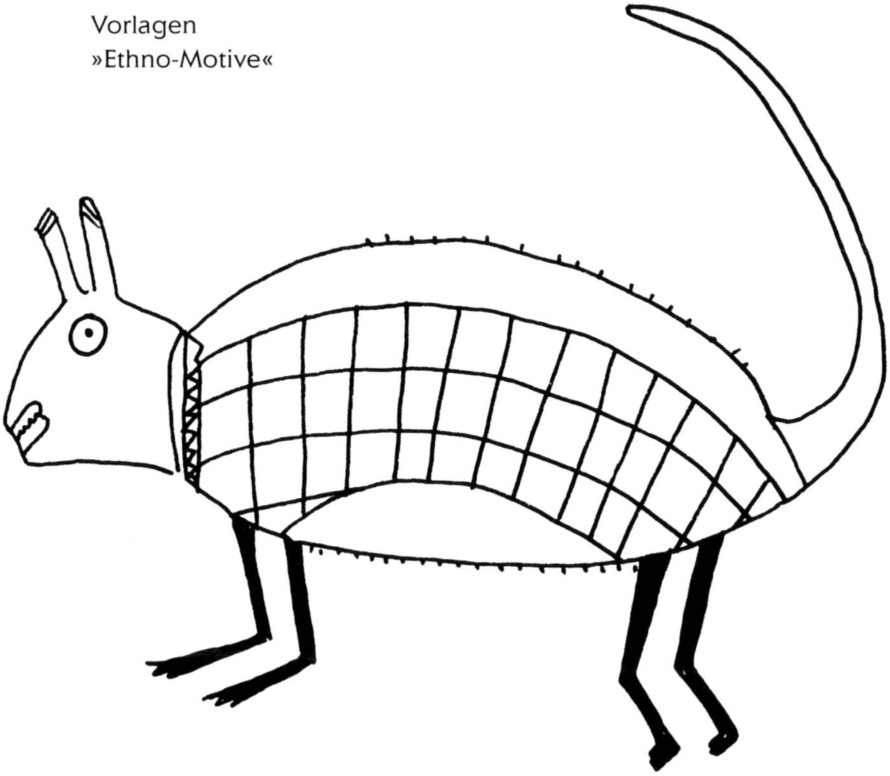

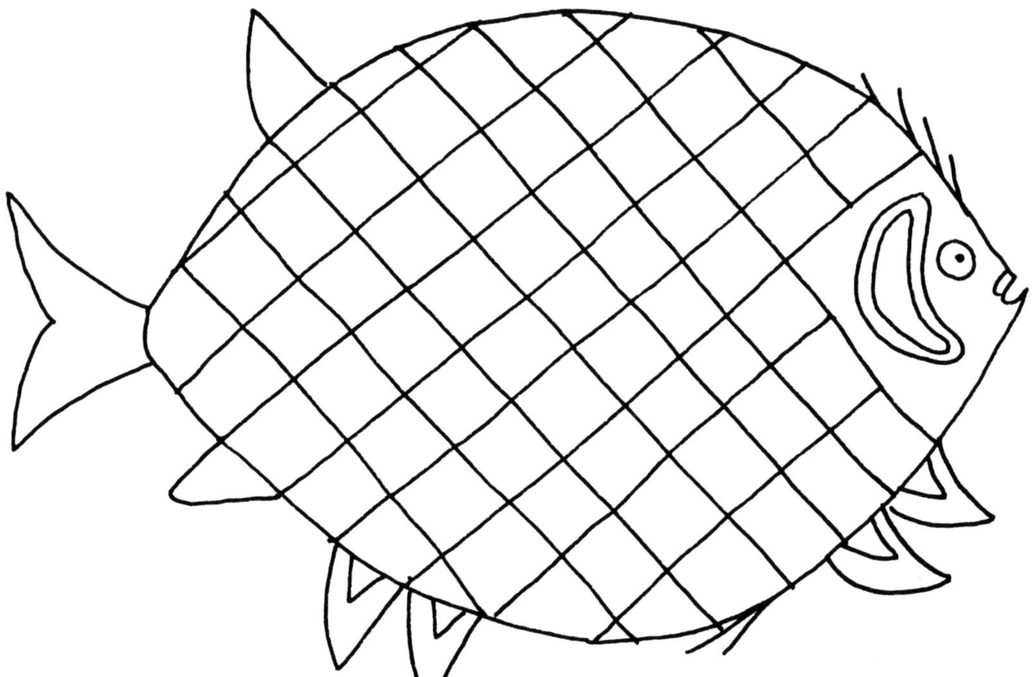

Vorlagen »Ethno-Motive«

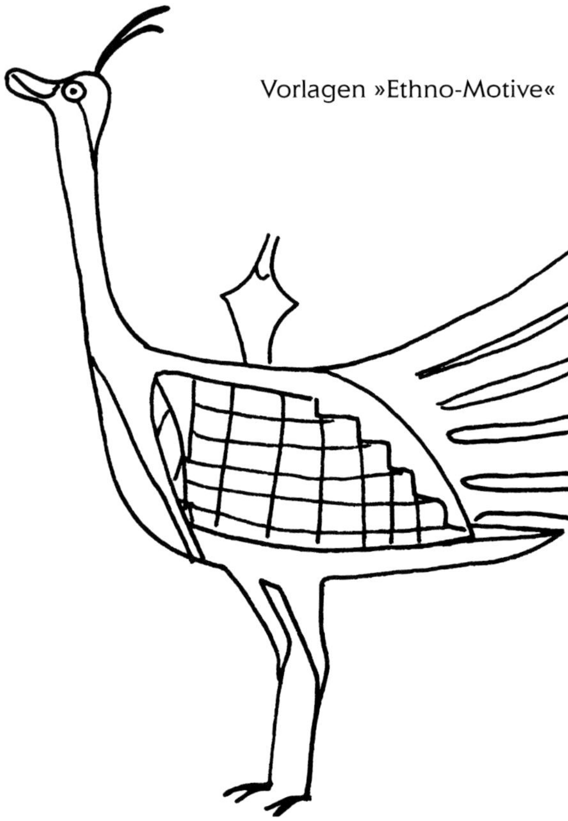

Vorlage
»Serviette und Teller«

Vorlage »Serviette und Teller«

Die Deutsche Bibliothek – CIP-Einheitsaufnahme

Porzellanmalerei für Einsteiger ; mit Porzellan- und Dekorfarbe ; Grundlagen - Techniken - Vorlagen / Renate Eppler. [Fotogr.: Klaus Lipa]. - Augsburg : Augustus-Verl., 1998
ISBN 3-8043-0542-3

Fotografie: Klaus Lipa, Augsburg
Lektorat: Eva-Marie Müller, Augsburg
Umschlaggestaltung:
Christa Manner, München

Layout: Anton Walter, Gundelfingen

AUGUSTUS VERLAG AUGSBURG 1998

Satz: Gesetzt aus 10 Punkt Elan Book in QuarkXPress von DTP-Design Walter, Gundelfingen
Reproduktion: GAV Prepress, Gerstetten
Druck und Bindung: Appl, Wemding

Gedruckt auf 135 g umweltfreundlich elementar chlorfrei gebleichtem Papier.

ISBN 3-8043-0542-3

Printed in Germany

Danksagung

Für die Unterstützung bei der Realisierung dieses Buches möchte ich mich bei folgenden Firmen und Verlagen ganz herzlich bedanken:

Porzellanfarben und Zubehör:
Fa. Grießhammer, 95097 Selb
Fa. Jürgen Pfannschmidt, Tübingen
Fa. Wanke, 79618 Rheinfelden

Pébéo Porcelaine 150:
Pébéo Gie Diffusion,
305 Avenue du Pic de Bertagne,
F-13881 Gemenos Cedex

Stempel:
Hein Design, 58091 Hagen
Hobbyring,
72666 Neckartailfingen

Servietten:
Scandolet, 30916 Isernhagen

Verlag Michael Neugebauer,
CH-8625 Gossau,
für die Verwendung der Vorlagen von Lisbeth Zwerger zu den Christian-Morgenstern-Gedichten

Mein ganz persönlicher Dank gilt Frau Helga Ohr für Ihre Anregungen zu den Moosgummistempeln.